U0249188

筑境

中国精致建筑100

安徽古塔

路秉杰 万宝东 撰文/摄影

中国建筑工业出版社

出版说明

中国是一个地大物博、历史悠久的文明古国。自历史的脚步迈入新世纪大门以来，她越来越成为世人瞩目的焦点，正不断向世人绽放她历史上曾具有的魅力和光辉异彩。当代中国的经济腾飞、古代中国的文化瑰宝，都已成了世人热衷研究和深入了解的课题。

作为国家级科技出版单位——中国建筑工业出版社60年来始终以弘扬和传承中华民族优秀的建筑文化，推动和传播中国建筑技术进步与发展，向世界介绍和展示中国从古至今的建设成就为己任，并用行动践行着"弘扬中华文化，增强中华文化国际影响力"的使命。从20世纪80年代开始，中国建筑工业出版社就非常重视与海内外同仁进行建筑文化交流与合作，并策划、组织编撰、出版了一系列反映我中华传统建筑风貌的学术画册和学术著作，并在海内外产生了重大影响。

"中国精致建筑100"是中国建筑工业出版社与台湾锦绣出版事业股份有限公司策划，由中国建筑工业出版社组织国内百余位专家学者和摄影专家不惮繁杂，对遍布全国有历史意义的、有代表性的传统建筑进行认真考察和潜心研究，并按建筑思想、建筑元素、宫殿建筑、礼制建筑、宗教建筑、古城镇、古村落、民居建筑、陵墓建筑、园林建筑、书院与会馆等建筑专题与类别，历经数年系统科学地梳理、编撰而成。本套图书按专题分册，就其历史背景、建筑风格、建筑特征、建筑文化，结合精美图照和线图撰写。全套100册、文约200万字、图照6000余幅。

这套图书内容精练、文字通俗、图文并茂、设计考究，是适合海内外读者轻松阅读、便于携带的专业与文化并蓄的普及性读物。目的是让更多的热爱中华文化的人，更全面地欣赏和认识中国传统建筑特有的丰姿、独特的设计手法、精湛的建造技艺，及其绝妙的细部处理，并为世界建筑界记录下可资回味的建筑文化遗产，为海内外读者打开一扇建筑知识和艺术的大门。

这套图书将以中、英文两种文版推出，可供广大中外古建筑之研究者、爱好者、旅游者阅读和珍藏。

目录

安
徽
古
塔

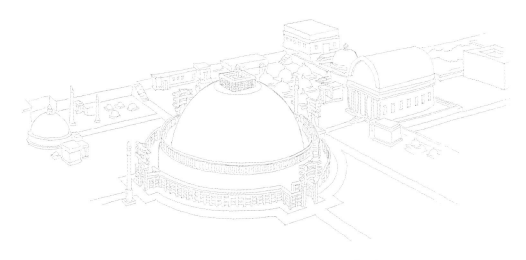

图0-1 印度桑契大窣堵坡
主体形似半球状的覆钵，直径约32米，表面为红砂石砌筑而成，高12.8米，下有4.3米高的圆形台基，球顶部筑有三层华盖（相轮），四周设环状石栏，每面设门，形似牌坊，梁柱上布满佛祖本生故事雕饰。（摹自《外国名建筑》）

中国古塔，据统计全国约有数千座之多。当你在各地遨游，不但能在佛教名刹中看到它，有时还会在村野、江畔、山巅发现它。现存最古的塔比最古的木构建筑要早得多。现存最高的古建筑是塔，现存最小的古建筑也是塔。塔，造型俊秀。塔，古代多少文人墨客为之题咏；今天又有多少人为之寻踪探胜。塔，这种奇妙的建筑在中国是怎样产生的呢？

文献表明：在中国古建筑中占有重要席位的塔，原先并非国粹。中国不但本无塔，而且连"塔"这个字也是在这种建筑出现后经过几百年的推敲才造出来的。

塔源于印度，相传佛祖释迦牟尼"圆寂"后，弟子阿难等火化其身，烧后剩"五彩晶莹，击之不破"的"舍利"，于是作圣物分而瘗埋聚土垒台。这种建筑在印度被称为"窣堵坡"（Stupa）。印度保存最早的桑契大窣堵坡，其形似半球，由台座、覆钵、宝匣和相轮组成。汉代，佛教传入中国，并与中国的木构建筑相结合产生了中国的佛教建筑。由于这种建筑的内涵与传统建筑中的任何一种都不相同，于是采用了译名以名之。前后数百年有音译、意译二十多种译名问世，其中用得最多的是"窣堵坡"、"浮屠"，但仍感到无法确切表达，到了南北朝时期，有人造了个"塔"字来代替，由于塔字的形、音构成较好地融合了中印文化的音、义，因此被大家认可。随着这种建筑的进一步演变和发展，"塔"这个名称在广泛使用中成了这种建筑的专称。

云冈第21窟塔心柱

云冈第2窟塔心柱

云冈第7窟浮雕

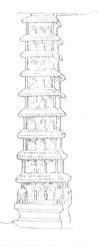

云冈第6窟塔心柱上层塔柱

北魏九层石塔
（原藏山西朔州崇福寺）

图0-2 早期楼阁式木塔形象图

中国早期佛塔据载上累金盘，下为重楼，只
是早已毁而无存，现仅能从敦煌壁画、云冈
石窟等间接资料中知其大概。（摹自《中国
古代建筑史》）

一、安徽古塔寻踪

安徽古塔寻踪

筑境 中国精致建筑100

据文献记载，安徽古塔始建于三国，当时宣城属吴地，由东吴大将丁奉镇守。丁奉曾以宣城水阳镇龙溪塔为瞭望台，督工镇西的圩田工程。据说后人曾在塔上发现刻有赤乌二年（239年）的砖石。若记载与传闻属实，当时建的是一座可登临的楼阁式塔。此外和县万寿塔据传亦创建于三国东吴时期，只这二塔目前均是毁后重建的。

两晋南北朝时期，东晋及南北朝皇帝虔信佛教，都城建康（今南京）广建佛寺，影响所及江南佛塔随寺庙发展也有所增建，但当时的寺院尚处在由皇家施舍和达官显贵资助的官办阶段，佛教尚未普及到偏远山区，因此远离

图1-1 龙溪塔
在宣城水阳镇龙溪河东，三国时此为吴国属地，据《宣城古今》所载，此塔始建于三国，现塔为重修之物。

图1-2 和县万寿塔/对面页
在离县城七里的戚桥，传说为三国东吴时创建，现存实物似宋代建筑。塔六边形、五层，残高约30米，底层设有基座，有一门通塔心室，以上各层每面均设盲门，门内嵌佛像砖，塔角施圆形倚柱，此塔原有木檐、平座，只是现在仅存木构榫孔。

图1-3 观音塔

在六安市西南隅，唐僧元通建塔寺，名浮屠寺，宋僧瑞云重修改名为观音寺，后俱毁，现塔为明嘉靖年间捐修，在塔的西南角尚留有捐修纪年的瓷牌。塔六边九层，高约29米，底层与二层做券形假门，以上各层每面嵌瓷质佛像砖及佛语题词瓷匾。

图1-4 崇宁塔/对面页

坐落于泾县水西山，又名大观塔。创建于北宋大观二年（1108年），七层八面，砖壁木楼层，清代兵焚，楼层尽毁，塔上有宋代碑刻三十六方，多为捐输筑塔之记。

政治中心的安徽仅有个别地点创建佛塔。据志书记载当时有宣城的永安塔、潜山的太平塔、兴化塔和七佛塔几座而已。真可谓凤毛麟角。潜山之所以有较多佛塔建造，这是因境内霍山（今名天柱山）为古南岳，汉武帝曾亲临封禅，闻名遐迩之故。唐代禅宗崛起，佛寺逐渐从城邑向山野、民间扩散。安徽除在一些城邑发展寺院建造佛塔外，边远的山区也开始有零星的佛塔建造。前者如六安的观音寺塔，药师寺塔，宣城的延庆寺塔。其中延庆寺因建造的是木塔又称为木塔寺。后者如宁国市东山的庆门寺塔、安庆市大龙山的无量塔等。

宋代佛教的普及促进了安徽佛塔的建造。在建筑技术上，宋代广泛采用砖结构建塔为中

下层市民参与建塔提供了新的方式。寺院允许施舍者把姓氏、施舍数量、意愿等用文字形式烧制在砖上，铸在塔刹的覆钵上或刻碑嵌于塔壁。例如宋代重建的潜山太平塔有字砖上就刻有："舒州怀宁县太平里太平寺地居住三宝女弟子臣女亲曹氏大娘谨发虔心，舍塔砖伍佰口入寺，追荐亡父世名元宝、亡母亲康氏六娘，儿孙杨世名仁王儿孙等，乞保旦生净枉者，崇宁三年四月女弟子曹氏舍"的字样。再如泾县崇宁塔，塔上嵌有捐资筑塔碑刻三十六方。

今天凭借安徽宋塔中的字砖与碑记等推测，当时是采用随施舍随修建的方法来建塔的。其实，砖瓦材料的长期堆放与保管也是一件十分繁重的事务。对信士弟子而言，及时把自己施舍的砖瓦用作建塔会产生功德完成的愉悦感。这样做不但有助于佛塔的早日竣工，而且能更好地吸引乡绅施主进一步施舍。

元代藏传佛教兴盛，全国广建喇嘛塔，安徽地处偏远，所受影响甚微。但由于汉地佛教不兴，因此从元代起，安徽佛塔兴建走入低谷。

明清二代安徽再次掀起建塔热潮，由于受风水观念的影响，这一阶段所建风水塔数量之多，影响之大远胜佛塔。它择地而建与环境巧妙组合，在人们心目中起着培风水、助形胜的作用，它既具有游赏功能又具有心理功能，不少风水塔成为当地脍炙人口的名景。

二、佛塔的选址与布局

佛塔的选址与布局

佛塔乃佛寺之建筑、故佛塔选址多取决于佛寺的选址。中国佛教到了隋唐以后，禅宗兴起，禅修环境追求静寂、力避喧嚣。早期禅师往往到深山独居禅修，但那些地方土地贫瘠、人迹罕至，即使禅农并重，生活仍十分艰难，根本无力营建寺院佛塔。因此既要满足禅修的环境要求又要弘扬佛教兴建佛寺佛塔，就不能在闹市建寺，也不能在施主很难到达的地点去建佛寺。从安徽佛塔的分布来分析，大致有一些规律可循。常言道"天下名山僧占尽"，皖南丘陵环抱的城邑，佛塔多建于邑郊风景山，如宣城的敬亭山、歙县的西干山，泾县的水西山，都是林壑深邃，风景佳丽之地，既不受市井俗尘干扰，又易于得到各界人士之施舍，在弘扬佛教的过程中，都修建了佛塔。平原城邑，佛塔则多建于城隅或邑郊。这些地点虽无山水之胜，却能得到幽静之境，同时与城邑联系方便，故不失为满足需要的佳址。

图2-1 歙县西干山

在歙县古城之西，练江之滨，这里青山叠翠，练江潆流，因环境幽静，历史上曾是寺院集中之地，著名的长庆寺塔也坐落于此。

图2-2 安庆振风塔底层内景
底层供奉5米高的接引佛，保留着古代塔殿的功能。

　　佛塔依附于佛寺，佛塔在佛寺中的位置反映了总的布局规制和格局。根据安徽的佛寺遗构和参照文献，可以知道安徽的佛塔在寺院中的布局有居前、居中、居后和前导四种形式。居中布局以安庆迎江寺振风塔较为典型，振风塔在迎江寺中轴线上，前有天王殿、大雄宝殿、后有毗卢宝殿与藏经楼。虽然还是属前殿（大雄宝殿）后塔形制，但振风塔室内空间宽敞，底层供奉着5米高的接引佛，二层供弥勒佛，三层供五方佛，四层以上有浮雕佛像六百余尊。平时塔内香客不绝，足见此塔较多地保留了早期楼阁式佛塔的功能。

佛塔的选址与布局

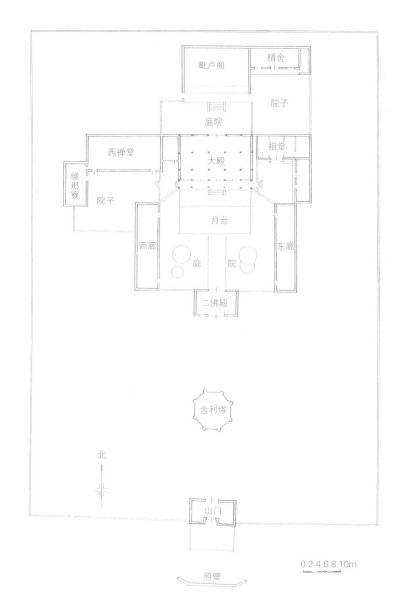

图2-3 寿县东禅寺总平面图
寿县东禅寺创建于唐贞观年间，为江淮名刹。
舍利塔建于宋天圣年间，总平面虽经历代增删
改造，仍保留着前塔后殿的古老格局。

图2-4 芜湖广济寺

广济寺坐落于芜湖赭山，中轴线上依次为山
门、药师殿、大雄宝殿、地藏殿、赭塔，为典
型的前殿后塔布局。

佛塔的选址与布局

筑境　中国精致建筑100

塔居前布局常称前塔后殿形制，这种形制在佛寺发展史上盛行于两晋南北朝期间。安徽宋代天圣七年修建的寿县东禅寺舍利塔，在布局上采用的仍是这种古老的格局。塔前是山门，塔后依次是二佛殿、大雄宝殿、毗卢阁。可惜此塔于1977年拆除，现仅存塔基与地宫。

芜湖广济寺赭塔位于寺后，塔仅五层但塔基在山上，地势高峻，从山门前的广场看去仍十分明显。

佛塔对称布置在寺前两侧的是北宋建造的宣城广教寺双塔。全国现存二塔对称布局者甚少，宣城广教寺塔采用方形平面与空筒式结构，已被列为全国重点文物保护单位。

三、佛塔的内部空间

佛塔的内部空间

◎ 筑境 中国精致建筑100

图3-1 广德天寿寺大圣宝塔
塔创建于北宋太平兴国四年（979年），六面
七层，系砖木造楼阁式塔，虽经历代修缮，塔
身尚是宋代原构。

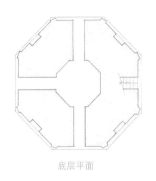

底层平面 二层平面 三层平面

图3-2 潜山太平塔平面图
太平塔创建于晋，现塔为宋代重修，是典型
的壁内砖梯形砖木造结构。砖梯穿壁式的楼
梯较为宽敞。

　　从历史上看，中国佛塔经历过大空间木塔
到小空间砖石塔的演变。这演变的重要原因是
早期大空间的木塔集供奉佛像、僧尼礼佛、香
客膜拜于一体。佛寺以塔为主体，辽代应县佛
宫寺释迦塔便是幸存的实例。但木塔易毁于雷
击、焚烧、兵灾，因此极难长存，于是以殿为
主的佛寺逐渐取代了以塔为主的佛寺。唐初律
宗创始人道宣（596—667年）绘制了以佛殿为
中心的《戒坛经图》推动了这一形制的演变。

　　佛寺以殿为主，诸多佛事活动都在殿内进
行，佛塔丧失了原有的功能，室内大空间就不
再必要。砖的耐火性能大大高于木材，于是砖
壁木塔和砖、石塔受到了青睐，逐渐取代了木
塔。据文献所载，安徽宣城延庆寺在唐咸通六
年（865年）建木塔一座，因之号木塔寺，但
终究难以保存而毁于火，以后建砖塔代之。

　　安徽现存佛塔最早建于北宋，这些佛塔正
是在佛寺中不再承担主要佛事活动的背景下修
建的，实例如广德天寿寺塔。

安徽古塔

佛塔的内部空间

图3-3 蒙城兴化寺塔剖面图

此塔是典型的全砖结构宋塔实例。楼层为叠涩砖楼楼板，楼梯全部分为绕壁式，内部空间狭小。

0 1 2m

安徽的佛塔绝大部分是可供登临的楼阁式塔。其结构形式：一是砖木造，二是全砖结构。砖木造由空筒砖壁和木楼层组合而成，又可分为木梯型和壁内砖梯型二种。木梯型砖塔壁厚限制较少，实例如宣城景德寺塔和广德大圣宝塔；壁内砖梯型塔壁较厚，实例如潜山太平塔。砖木造结构的佛塔都有较宽敞的塔心室，利于供奉佛像，特别是木梯型，每层每面均可设门利于登眺。砖木造的两种形式是从大空间的木塔向小空间的砖塔过渡的中间环节。

全砖结构的佛塔实例如蒙城的兴化寺塔、芜湖的赭塔等。这种佛塔由于塔壁与楼层均采用砖砌体，因此整体性与耐久性均强于前两种。由于

图3-4 塔心室/左图

塔心室原是古代佛塔供奉佛像的神圣空间。随着形制的变革，大多不再供奉大佛，但仍保留着施斗栱藻井以强化其内部主空间的地位。

图3-5 塔心室藻井/右图

历史的原因，砖木造结构大多因楼层毁于火而仅存筒体砖壁，而全砖结构保存得相对要完整得多。

安徽佛塔的内部空间一般由塔心室、梯段以及与各层门洞相连的通道空间组成。其造型多采用券形门洞、壶门、叠涩、菱牙砖手法，其中重要的塔心室还做斗栱藻井以加强艺术效果。在佛塔的内部空间处理上大都用设佛龛、嵌砌佛像砖等手法来强化宗教内容。值得一提的是匠师为了创造一个攀缘艰难的上行空间来象征修行的艰难，都把梯道空间处理得十分窄小、陡峻。这窄小、陡峻的梯道空间又与从塔上向外眺览所看到的广袤视野形成强烈的对比，使之产生超然于红尘之上的感觉。

安徽佛塔的内部还大量嵌砌修塔碑，这些当时主要是为了记录施主功德的碑记，今天已成了弄清佛塔身世的重要历史资料。

中国传统建筑空间具有丰富的文化内涵，如居中为贵，西南为贵等，而佛塔是佛教文化的物化。因此在探讨安徽佛塔内部空间时，不但要考虑它的造型、尺度，更要弄清它的宗教含义。例如凡楼梯设在壁内者，底层楼梯有自

图3-6 无为县黄金塔外景/对面页
在无为县城北25公里。黄金塔六角九层，外观造型除底层有3.5%收分外，其余各层均平直，檐与平座采用砖仿木斗栱支承出挑，该塔中心实砌，梯从二层起绕壁盘旋而上，这种做法在安徽仅此一例。

东向西以及其他多种做法，唯独没有自西向东者；而攀梯而上时均为右旋，据说这是因为佛教尊西崇右之故。查阅文献，宋·庄季裕《鸡肋篇》载："释氏每言偏袒右肩、右跽、右绕，华严经净行品云：右绕于塔，当愿众生所行无逆，成一切智。"

再如无为黄金塔底层从东穿心直上，二层起不设塔心室，楼梯右旋逐层绕壁而上，塔体中央自上而下犹如一实砌的砖柱。这一形式的宗教内涵可追溯到古代木塔曾广泛采用的中心柱结构，它源于印度古老的原始树崇拜与献祭柱的传说，它象征着人类宇宙之柱或世界之柱的概念。在砖塔中，塔心柱大多仅存顶部的刹柱，无为黄金塔是安徽砖塔中用砖柱去隐喻这古老的塔心柱文化的一座佛塔。

四、佛塔的外部造型

安徽古塔 | 佛塔的外部造型

安徽佛塔平面有方形、六边、八角诸形。八边形的泾县崇宁塔底层直径约有11米之巨，为安徽古塔之最。由于檐、刹尽毁，看上去特别粗犷、雄伟。宣城广教寺方形双塔之西塔，直径仅2.35米，是安徽楼阁式塔中直径最小的塔。安徽佛塔中层数最多的是十三层的蒙城兴化寺塔。最高的塔是安庆迎江寺的七层振风塔。振风塔高达60.17米，临江而筑，每当晴空万里，在数十里外都能看到其雄姿，气势非凡。

佛塔的外部造型是由平面形式、面宽与塔高共同形成的。它们的绝对尺寸与相互比例都会影响其形象。塔高由塔身与刹高组成。塔体形象与层高、出檐手法、有无设置台基、平座、塔壁收分大小、门洞开设位置、造型乃至塔壁表面装修等诸多因素相关。塔刹则由材质、造型决定其形象。

图4-1 砖仿木窗饰形象图
砖仿木窗饰，其形式有直棂、菱形、球形、方格、斜纹、龟背等，这些做法丰富了砖塔的外部形象。

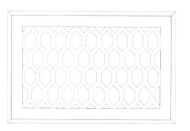

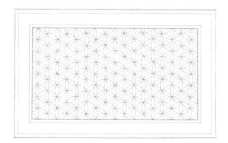

图4-2 砖仿木斗栱
斗栱是中国传统木构建筑中最有特色的构件。
安徽砖塔大量采用砖仿木斗栱，在手法上有独
块异型砖磨制与几块砖拼砌成型两类。

图4-3 砖仿木梁柱形象
砖塔的仿木形式一定程度上
反映了砖塔的时代特征。梁
柱构件的仿木也为安徽缺少
宋代木构提供了间接信息。

安徽佛塔大多是楼阁式塔，其塔刹塔檐损毁严重，留传下来的都是残缺不全的外貌。不少古塔无法通过残貌来弄清原状，当这些残貌被人们认同后，修复时重新设计就很难得到这代人的首肯。因此佛塔的形象特征还必须考虑到其残损的情况。

塔体砖构件按其功能可分为两类，一类是纯装饰物件，另一类是有一定实用性能的装饰构件。前者如用砖仿木制作出直棂、菱形、球形、方格、斜纹、龟背等纹样的窗饰，以及砖仿木柱、仿阑额（梁）等物件。以窗饰而言，由于大多是假窗，不具备采光功能，故起着丰富立面的作用。仿木梁柱构件，如蒙城兴

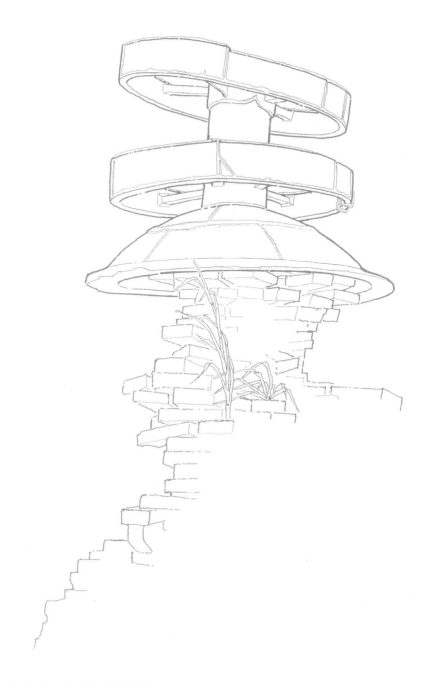

图4-4 蒙城县兴化寺塔修复前的塔刹透视图
在修复前残存覆钵与二重相轮，今已参考宋
代南方塔刹重新设计予以修复。（摹自1981
年测绘稿）

a

图4-5a,b 宁国市仙人塔与塔刹

仙人塔坐落于宁国市南冲山坳中。塔刹系生铁浇铸，通高5.3米，由覆钵、仰莲、相轮、宝珠、宝瓶组成，通体布满铭文和卷草、莲瓣纹饰，覆钵下口铭文有"绍兴十三年癸亥岁前四月二十四日"的字样。

化寺塔砖仿木角柱做成瓜楞式，宣城广教寺双塔角柱用定做的弧面竖向塔砖砌筑，柱身还做出明显的卷杀。后者如砖制斗栱和椽子等，例如潜山太平塔砖制斗栱用独块异型砖磨制，蒙城兴化寺塔砖制栌斗做出明显的幽页（凹形弧面）。

当一种成熟、稳定的形象被社会接受后会产生约定俗成的定型效应，这种形式便成了美的符号，这种建筑的符号，改之则不美，弃之则不像。这是一种普遍的文化现象。

古人并没有按木材的尺度去制作砖仿木构件。砖仿木的斗栱和檐椽，出挑浅近，断面有着一定的强度储备，因此我们不能把安徽佛塔中的砖仿木现象看做不谙材料性能的落后现象。

安徽古塔

佛塔的外部造型

筑境 中国精致建筑100

a

b

图4-6 宣城景德寺塔与塔刹
景德寺塔塔刹由覆钵、承露盘、相轮三重、宝盖、宝珠组成。

图4-7 觉寂塔塔刹/对面页
此塔塔刹为安徽古塔中有明确纪年、保存完好的宋代塔刹之一。覆钵上六重相轮，五重通体采用透空图案。顶部用铁丝围成葫芦形以虚拟宝瓶，构思巧妙。与江浙古塔塔刹相比，有鲜明的地方特色。

在中国楼阁式的佛塔中最具有佛教意义的形象是塔刹。它实际上是印度窣堵坡的缩影，覆钵仿自印度窣堵坡原型中的半球体，相轮系印度具有象征意义的宇宙之树——竿和圆形伞状华盖演变而来。

安徽佛塔塔刹有石质和金属制两类。歙县长庆寺塔石质塔刹由覆盆、宝瓶组成，宝瓶上大下小，造型别致。金属塔刹由木质刹柱和外部铸铁套件组成。早期佛塔因雷击或刹柱损毁殃及整个塔刹，其中覆钵因盖于塔顶尚有幸存可能，其他构件大多早已毁而无存，如潜山太平塔、芜湖赭塔即是仅存覆钵的实例。蒙城兴化寺塔在1981年修复前除覆钵外尚存后修的相轮二重，唯宁国仙人塔、宣城景德寺塔、潜山觉寂塔塔刹保存最为完好。

安徽宋塔大多在相轮上饰通体透空图案，具有鲜明的地方特色。宁国仙人塔、潜山觉寂塔覆钵上铸有施主及纪年铭文，因此有很高的文物价值。

据《十二因缘经》所云：八人应起塔，一：如来，露盘八重以上，是佛塔。二：菩萨，露盘七重。三：圆觉，露盘六重。四：罗汉，露盘五重。五：那含，露盘四重。六：斯陀含，露盘三重。七：须陀洹，露盘二重。八：轮王，露盘一重。以此而论，觉寂塔采用六重露盘，这也许是三祖灿生前所料想不到的。

五、绰约秀丽、唐风犹存
的宋代方塔

图5-1 河南登封嵩岳寺塔外景（谭克 摄）
始建于北魏正光元年（520年），为密檐式砖塔，十五层、十二边形、高约40米。外形呈圆弧形抛物线，造型复杂、砌筑精确、为早期名砖塔。

图5-2 陕西西安玄奘墓塔（张振光 摄）
坐落于西安市长安区杜曲之东少陵原畔的兴教寺内，塔始建于唐总章二年（669年），人和二年（828年）重修。

中国砖塔名例以河南登封嵩岳寺塔为最，此塔共十五层，正十二边形，塔壁收分呈柔和曲线，造型复杂、砌筑精确，足见当时砖塔造型与施工技术已达到很高水平。隋唐两代曾建过大量方形木塔，虽这些木塔都已朽败无踪，但有文献记载及保留唐代风格的日本法隆寺五重塔实例可供印证。当时佛教曾受统治阶级上层大力扶持，故对时尚影响极大。唐代砖塔大多采用方形平面，现存实例西安兴教寺玄奘墓塔仿楼阁式造型，大致反映了当时砖仿木楼阁塔的形象特点。到了宋代，砖塔平面以六边、八角居多，内部结构从空筒式木楼板向砖叠涩楼层过渡，楼梯大多布置在壁中，与唐塔相

筑境
中国精致建筑100

图5-3 安徽岳西县方塔
坐落于岳西后冲，又名后
冲寺塔，方形平面七层，
塔壁嵌砌佛像砖，二层起
砖仿木斗栱与出檐保存较
完好，各层木楼板与塔刹
已毁。

图5-4 安徽泾县乾应塔
/对前页
建于南宋绍兴年间，方形
平面七层，每层每面设
门，二层起设檐与平座，
檐升起明显，造型轻盈，
具有南方风格。

比，风格殊异，两者相得益彰，时代特色十分
明显。

是什么原因造成唐宋古塔风格上的差异
呢？由于历史上有北魏始建、唐代修顶的造型
复杂的嵩岳寺塔，因此不能把造型之变归结为
从简单到复杂进步的发展，这其中还包含着时
尚无定、流行多变等因素。

安徽现存五座方塔都坐落于皖南山区，一
是岳西后冲寺方塔，二是泾县乾应塔，三是歙
县长庆寺塔，还有两座是宣城敬亭山广教寺双
塔，其中以广教寺双塔保留唐代遗风最明显，
这里以此为例加以介绍。

敬亭山双塔方形，七层，内部为空筒结
构。东塔边长2.65米，西塔边长2.35米。双塔
底层朴素无华，二层起外壁四隅均置略有侧脚
的圆形角柱，柱上置阑额，无普拍枋，此种做

图5-5 安徽宣城广教寺双塔
塔坐落于宣城敬亭山。塔
方形，东塔边长2.65米，
西塔边长2.35米，七层楼
阁式砖木造宋塔，造型保
留有唐塔风格，1988年由
国务院列为全国重点文物
保护单位。

法常见于唐代木构。阑额下施槏柱两根、把壁
面划分为三间，当心间砌圆券拱门，次间窗上
隐出贴颊、腰串等砖仿木构件。双塔的出檐由
砖木组合的斗栱，叠涩砖和水平的木椽组成，
既具有唐代砖塔采用叠涩出挑的特点，又比唐
代砖塔有更多的木构件。双塔造型古朴，保留
有唐代楼阁式塔的神韵。据双塔二层内壁嵌有
明确纪年的苏东坡《观自在菩萨如意轮陀罗尼
经》石刻判断，双塔建于北宋。

　　建筑形式既受制于结构技术，又受审美价
值取向所左右。古代技术发展缓慢，结构技术
相对稳定，因此审美价值取向便成了决定建筑
形式的一个重要原因。以佛教建筑而言，佛塔

图5-6 广教寺双塔细部形象
出檐采用砖木组合的斗栱与叠涩砖、木
椽承桃。略带侧脚的圆柱上置阑额，佛
像砖嵌在栱眼壁处。

a

b

的形式通过文化传播，从发达的兴盛地区向边远地区扩散。当兴盛的地区佛塔的形式因种种原因发生改变时，边远地区某些佛塔仍沿用着古老的形式，这就导致了形式变迁中的滞后现象。安徽唐风宋塔就是这一现象的反映。

在当时，滞后现象肯定带有保守、落后的属性，但随着历史的继续前进，时兴的式样一再被淘汰、落伍，因此今天在欣赏时已无法感受到那一种具有时兴美的优势了。相反，反映滞后现象的那些实例，可能填补了历史发展中的某些空缺而倍受学术界重视。例如辽代以密檐砖塔最具时代特征。因此应县佛宫寺释迦塔显然不是辽代之典型，但它填补了早期木塔的空缺而弥足珍贵。

建筑中滞后现象的实例还受到物以稀为贵的原则所左右。一般情况下，年代早的建筑实例保存下来的要少些。安徽古塔早不过北宋，于是那几座较多保留和传递了唐代佛塔信息的宋塔其文物价值要高于典型的安徽宋塔也就不难理解了。

六、供奉千尊、万尊佛像
的佛塔

安徽古塔　佛像的佛塔　供奉千尊、万尊佛像

筑境　中国精致建筑100

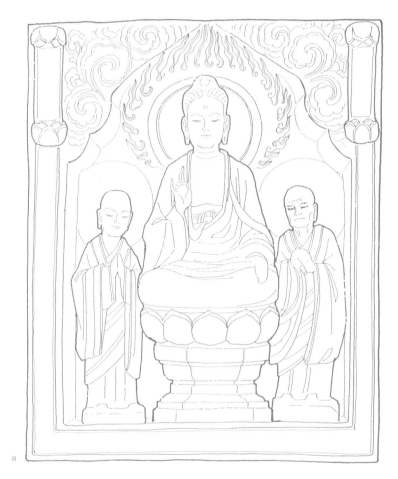

a

图6-1a,b　佛像砖造像

安徽佛塔佛像砖造像有单个佛祖像与一佛二弟子两种形式。

b

早期佛塔作为佛教神圣的崇拜物一是因为有代表佛祖身骨的舍利藏于地宫，二是因为塔内供奉着供僧尼、香客礼佛的佛像。高大宏伟庄严的佛像，作为崇拜的偶像对凡夫俗子有着震慑心灵的巨大力量。但自从佛殿取代木佛塔供奉佛像的功能之后，佛塔从木造走向砖造，从大空间演变为小空间，在狭小的砖塔空间内供奉佛像已无法产生相应的艺术魅力。于是导致砖塔利用塔壁来造像的演变。雕造于北魏天安元年（466年）的九层石塔和铸造于五代南汉大宝六年（693年）广州光孝寺西铁塔，是迄今所知早期造像塔的名例。砖塔塔壁造像在设计意匠上与上述名例有相通之处，只是在具体手法上更多地借鉴了传

供奉千尊、万尊佛像的佛塔

筑境 中国精致建筑100

统墓室画像砖的技巧。这二者的结合产生了佛塔供奉佛像的新形式，也产生了一种以塔壁遍嵌佛像砖而命名的砖塔——千佛塔、万佛塔。要把砖佛塔也塑造成神圣的崇拜物，砖塔造像无疑是成功的创造。

安徽佛塔造像极为普遍，和县万寿塔，六安观音寺塔，潜山太平塔、觉寂塔，祁门伟汐塔，宣城景德寺塔、广教寺双塔，蒙城兴化寺塔，岳西后冲寺塔，安庆振风塔等均采用塔壁造像来强化宗教色彩。安徽佛塔造像主要是采用嵌砌佛像砖于塔壁的手法，造像有一佛和一佛二弟子两类；佛像砖有素砖，琉璃砖，瓷砖三种。嵌砌部位主要在佛塔外壁的门窗二侧，这一部位极易观赏；也有在阑额上（宣城广教

图6-2 六安观音寺塔塔壁造像
观音寺塔初创于唐代，现塔为明代重修。塔每层每面塔壁中部嵌砌瓷质佛像砖。

图6-3 祁门县伟汐塔近景/对面页
伟汐塔坐落于祁门县胥岭乡塔下村，傍山临水，此处原为宋元祐年间创建的安丰庵，塔建于庵内，六角五层，残高23米，径5.66米。每层设佛龛，全塔嵌砌佛像砖四百余块，计佛像一千余尊。

供奉千尊、万尊佛像的佛塔

安徽古塔

图6-4 安徽黄山市徽州区岩寺水口塔

岩寺水口塔又称文峰塔或岩寺塔，位于今安徽省黄山市徽州区岩寺镇北郊的原村口，西邻丰乐河，至今已有近五百年历史，在通往岩寺高速入口的公路上可以清晰地看到塔的全貌。水口乃一方去水之处，古代地理师认为水口宜收。当自然地形不足时往往采取用人工建筑以弥补。该塔现为安徽省重点文物保护单位。

a

b

图6-5 蒙城兴化寺塔及其底层细部

蒙城兴化寺塔嵌砌佛像八千余尊，俗称"万佛塔"。此塔底层特别高，使底层外壁有了更大的面积嵌砌佛像砖。

供奉千尊、万尊佛像的佛塔

筑境 中国精致建筑100

寺双塔）和假门内（和县万寿塔、潜山太平塔底层假门）。造像数量大都有数百尊之多，唯祁门伟汐塔、蒙城兴化寺塔都在千尊以上。其中又以蒙城兴化寺塔佛像数量最多，艺术水平最高。现以其为例介绍于下：

蒙城兴化寺塔在淮北蒙城县的东南角，它是一座全部用砖砌的佛塔，塔十三层，总高42.6米，逐层收分，形象秀美。这在一马平川的淮北大地，乃成了当地有名的八景之一"古塔插天"。

蒙城塔因塔壁遍嵌佛像砖而被当地称为万佛塔。据统计，蒙城万佛塔上佛像多达八千余尊。在全国众多的佛塔中，佛像之多无过此者，堪称全国之最。蒙城万佛塔的佛像砖是琉璃砖，由褐、绿、黄和绛绿混合，以及白、绿、褐三色等不同色彩组成，色彩华丽，享誉江淮大地。

常人近观细赏主要着眼于底层，而此塔虽为楼阁式塔，但底层特高，因此底层壁面嵌砌佛像砖也就最多，这些黄碧彩翠的佛像，由于距地面较近因此能产生很好的近视距效果。这种考虑视觉效果而改变常规层高的做法，应是无名匠师设计的成功之处。这一手法对今天仍有启迪意义。

七、简朴无华的墓塔

简
朴
无
华
的
墓
塔

◎筑境 中国精致建筑100

图7-1 琅琊山闻闻戒师塔

在滁州琅琊山醉翁亭东的山坡上，此乃其弟子
于清顺治二年（1645年）为纪念已圆寂的龙兴
寺住持僧闻闻戒师而建，墓塔由台基、瓶身和
多层塔组成，造型简朴而有变化。

图7-2 天柱山立化塔

坐落在潜山县天柱山山谷寺前，塔有须弥座台基、瓶形塔身及二层六角亭塔身组成。据说此地原为禅宗三祖灿禅师说法立化处。

　　塔葬起源于佛祖，本是弟子因纪念而为。到了公元前3世纪中叶，印度摩揭陀国孔雀王朝的阿育王时代，曾在众邦国广建佛塔，盛称八万四千之巨，供奉的全是佛祖。再如敦煌壁画中诸多含塔的图画，如"舍身饲虎"，其中之塔亦为葬佛祖尸骨而设。据说塔的梵文意为坟冢，但佛教四圣谛学说中包含着对世俗生死观的否定，只是后人为了宣扬建塔的神圣性，编造出建造佛塔是佛祖意愿的传说，并在十二因缘经中写上菩萨塔、罗汉塔直到轮王塔诸条文。在中国，僧人广建墓塔可能是信佛而想成佛，佛死后葬于塔，僧死后也葬于塔应是天经地义之事。中国僧人墓塔始见于北魏，名僧墓

图7-3 九华山闵园寺庵塔林
近年九华山闵园一带寺庵取法国内名刹，纷纷增建微形石质塔林成为游赏景观，此已非真墓塔。

图7-4 觉寂塔/对面页
坐落于潜山县三祖寺中轴线上，始建于唐天宝五年（746年）。大历七年（772年）敕改为觉寂。现塔为明嘉靖四十三年（1564年）重建，塔刹为宋乾道八年（1172年）旧物。

塔往往单列。如西安兴教寺玄奘墓塔。至于在某些历史悠久的寺院，历代僧人墓塔成林，蔚成大观，实例如河南登封少林寺、法王寺，山西五台佛光寺，永济栖岩寺，山东历城神通寺等。因此墓塔在中国古塔中可自成一类。

佛教初创时并不搞崇拜，因此也没有塑佛造像之举，这一点僧人十分清楚，特别是佛门禅宗一支就曾规定只设法堂不立佛殿。禅宗内部提倡相互尊敬，住持与普通僧一律平等。禅宗三祖、四祖曾长期在安徽从事佛教活动，因此禅宗的生死观念在安徽影响颇深。从百丈怀海（720—814年）定制的《文字禅普通塔记》可知，禅宗主张禅寺内住持与大众采用聚骨合葬于一塔以体现平等和对生死的超脱。这一思想在禅宗六祖逝世前告诫弟子："吾灭度后莫作世情"，并立为祖训。禅宗一友的良价禅师告诫弟子："出家人心不附物是真修行，劳生惜死悲何益"的言论也是这一观念的反映。

简朴无华的墓塔

◎ 筑境 中国精致建筑100

实例如天柱山多智塔（仅存遗址）。安徽虽不乏千年古刹，但墓塔均未成林。保留于滁州琅琊山闻闻戒师塔，皓清、广运、德法诸僧墓塔，以及天柱山立化塔、仔和尚塔、崇慧大师塔、元白禅师塔、贯之和尚塔等诸多墓塔，造型简朴，多数就地取材，表面无华丽雕饰，究其原因与禅宗朴素、平等与不作世情俗态的思想有关。其中天柱山立化塔与琅琊山闻闻戒师塔均有类似于喇嘛塔的塔肚子出现，反映了当地墓塔对不同造型的吸收与融合能力。此外，九华山近年在闵园一带的一些寺庵纷纷仿照各刹建微型石质塔林。这种把塔林作为寺院符号来处理的手法已不具备真正墓塔的内容。

佛教到了封建社会后期，因儒家伦理观念的渗入与宗派嫡传和代系现象的影响，使尊祖尊师思想备受推崇。这一思想为安徽名僧墓塔特殊化提供了理由。而历史上的天灾人祸损毁墓塔又为重建创造了条件。其中潜山县天柱山山谷寺（今称三祖寺）禅宗三祖灿墓塔与青阳县九华山金地藏墓塔最为典型。

禅宗三祖灿墓塔：在潜山天柱山三祖寺，隋炀帝大业二年（606年）丙寅十月十五日，三祖灿禅师在山谷大树下为众说法，合掌立化，初葬于山谷寺后。唐代禅宗经马祖、百丈的弘扬，已成佛教第一大宗派，深得皇家与官府的重视。唐玄宗天宝四年（745年），舒州别驾李常素仰宗风，启圹取真仪复火化之，得五色舍利三百粒，以百粒出己俸建塔，开重建三祖墓塔之先声。唐代宗大历七年（772年）

图7-5 金地藏墓塔

坐落在九华山神光岭月身宝殿内,是一座木塔,塔下埋有被海内佛教界认定是地藏菩萨转世的金乔觉俗身。

敕谥号,塔曰觉寂,独孤及撰碑铭。武宗会昌灭法,塔、碑俱毁,至宣宗大中初(847—850年)重修。千余年来,历朝屡有修缮,现塔为明代重修,位于寺院中轴线上,六面五层。由于地形高差所致,塔基高出山门数十米,塔所在位置之显要,形象之高峻雄伟,俨然成佛寺之主体。塔每层出平座可供攀登环眺,一览山谷之形胜。塔刹为南宋孝宗乾道八年(1172年)黄三娘等捐资筹造,覆钵上详载施主姓氏、年号。该塔是安徽墓塔中唯一可供登临的楼阁式塔。墓塔采用楼阁式塔在全国也极为罕见。

安徽古塔

简朴无华的墓塔

◎筑境 中国精致建筑100

金地藏墓塔：金地藏俗名金乔觉，是朝鲜王族，唐开元七年（719年）来中国研习佛教，择安徽九华山禅修，于贞元十年（794年）在南台岭盘坐于大缸中圆寂，三年后开缸复葬于墓塔，因其颜面如生，被认定是地藏菩萨转世。至明代九华山香火兴旺，并确认为中国四大佛教名山之一。僧徒为了保护墓塔，后来在塔外加建大殿，又在墓塔上建木塔护之。万历年间，神宗敕封地藏塔为"大藏金塔"，敕封护塔大殿为"护国月身宝殿"，并发展为前有山门、灵官殿、十王殿的建筑组群。现月身殿与木塔均为清同治年间山洪暴发毁后重建。

因木塔极易损毁，现存实例极少，除著名的山西应县辽代佛宫寺释迦塔外，常提及者仅河北正定木塔、甘肃张掖木塔和敦煌老君堂慈氏塔三例。前二塔均九层，但分别有二层与四层砖壁，故仅够上半木塔的身份；慈氏塔虽为全木构，但它是单层亭阁式塔，与常见的多层塔有较大区别。金地藏墓塔重建于清同治五年（1866年），年代早于张掖木塔60年，该塔全部木构，不但是全国唯一的木墓塔，而且也是全国仅存的因墓塔设殿的孤例。塔位于殿中，七层八角，下为汉白玉台基，木墓塔外观为楼阁式，每层每面均设佛龛，龛内供奉着地藏菩萨贴金坐像，塔顶有金色华盖，每当金地藏成道日，香客僧徒云集，绕塔诵经膜拜，通宵达旦守塔者不计其数。这与国内任何一位名僧的墓塔相比，其地位之高是无与伦比的。

八、明清文化的象征

——风水塔

安
徽
古
塔

明
清
文
化
的
象
征

——
风
水
塔

◎筑境 中国精致建筑100

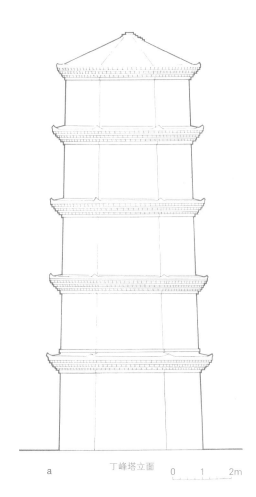

a   丁峰塔立面   0 1   2m

b   丁峰塔底层平面

图8-1a~c 休宁丁峰塔立面、平面图和其外观
建于明嘉靖二十三年（1544年）的丁峰塔坐
落于休宁城南玉几山上，该塔六角五层。受
风水影响，全塔不设门窗。

c

中国佛教因净土宗大量宣扬因果报应，用
功利来吸引下层市民，使宗教日趋世俗化。明
清以降，信奉佛教在一般市民的心目中只是一
种保佑人们来世避祸得福的手段。但中国文人
的入世观念与统治阶级以科举功名为导向，使
人民更注重于现世功利。从中国传统的天人合
一环境观，演绎出地灵人杰的模式，丰富了风
水术中障空补缺，以人工构筑补地理之不足的
理论。这一理论迎合了大多数儒生学子执着追
求以文致仕的需要。

风水塔的出现还来自塔的内涵异化的结
果。据说佛教中的毗沙门天王手中是捧着宝塔

安徽古塔

明清文化的象征
——
风水塔

◎筑境
中国精致建筑100

图8-2 旌德文昌塔
塔建于清乾隆十一年（1746年），八角五层高约
24米，木楼板砖壁，空筒结构，塔上有窗可供眺
览。旌德形如五龟出洞，当地称此塔为定龟塔。

图8-3 贵池百牙山塔

此塔六角七层，建于明嘉靖年间。贵池地势平坦，无山脉拱卫，建此塔以补山川形胜之不足。

的。这既见诸文献，又有敦煌绢画可供印证。在佛教中，天王负有摧群魔、护佛事之职能，塔便是施展神通的法器。随着佛教的世俗化，至元末，毗沙门天王在民间已演化为唐初名将李靖。明代经《西游记》《封神演义》的加工和传播，托塔天王已取代了佛教中的天王而成了重要的镇妖神，塔也成了镇妖之物。在中国的传统文化中，与"高"相连的词汇"高升"、"高中"……无不具有美好的含义。当塔丧失了供奉佛祖的功能，它那高耸的特征在文人墨客眼里便成了吉祥的形象。山川有灵，象形赋义，这古老的思维方式使各地环境中出

图8-4 阜阳文峰塔/对面页
坐落于阜阳城东南方，是一
座八角七层楼阁式塔，塔高
31.8米。据县志记载，因魁
星楼不高不显，建此塔以振
文风。

安徽古塔

明清文化的象征
——
风水塔

筑境 中国精致建筑100

现了笔架山、官帽山等一系列与事业、前途息息相关的命名。象形赋义也使塔的内涵得到拓广，把塔看做巨笔，既与功名相关，又有驱鬼辟邪之功能（秦简有："鬼恒从人游……取女笔以拓，则不来矣"之说），因此迅速成为民众约定俗成的共识。文笔塔、文昌塔、文峰塔成为明清建塔的主流是顺乎情理之事。

安徽的风水塔大致分两类，一类是作为镇物出现的，如休宁的丁峰塔。据说休宁有汪洪者，官至宣议郎，因听信风水师要留住祖坟下的母凤，于是在休宁玉几山大兴土木建塔以镇之。塔六角五层，外观全封闭。再如旌德县的文峰塔，据说旌德县城形如五龟出洞，若不建塔定之，龟会把文财之气带走，因此建之。安徽风水塔中另一类是作为改造地形和象征文笔、供奉文星出现的。例如贵池百牙山在明嘉靖年间修了一座七层六角的砖塔，明人桂鳌在《百牙山塔记》中称其"取地理补短益卑之象，大培池州风水之不足"。又如徽州岩寺水口塔，据《岩镇志草》载："世上多有塔事佛崇虚，我因其制，不本其初，奉此文星。"之所以要建塔，是因为"水口独少一座高山，从来泄处宜收"，且建塔"财需有限，福力无边"，是一件投资少、收益大的好事。

虽然明清时期安徽各地有建文昌阁、魁星楼的习惯，与塔相比楼阁皆有不高、不显之弊。如淮北阜阳原有魁星楼，当地士绅认为其不高、不显，遂于清康熙二十五年（1686年）建塔以振文风。安徽文峰塔的建造得到地方官

吏、乡绅乃至各界人士的积极支持与慷慨资助，因此风水塔的建造在安徽极为普及。以原徽州地区为例，现存明清古塔68座，其中佛塔不足10座，其余均为风水塔，若再加上损毁之塔，当初建造的风水塔数量当在百座以上。风水塔在当时不但在府、县建造，连一些村镇也广为建造。这里我们再次看到这样一个事实：社会的需要是左右建筑的巨大杠杆。

风水术十分讲究建筑的方位。风水认为方位有凶吉之分，这一思想导致风水塔选址的规范化。在风水术书中总结为："凡都、省、府、州、县、乡、村，文人不利不发科甲者，可于甲、巽、丙、丁四字方位上，则其吉地，立一文笔尖峰，只要高过别山，即发科甲。或于山上立文笔，或于平地建高塔，皆为文笔峰"（清·高见南《相宅经纂》卷二·文笔高塔方位）。今天所见安徽各地风水塔之选址，无论是城邑、镇市、村野无不循此理论而建。

图8-5a,b 泾县飞雄塔远景与近景
坐落于泾县茂林南一公里的魁山上。此塔为茂林贡生吴廷选出资兴建，因建于山巅，虽仅三层仍显得十分高峻雄伟。

a

b

明
清
文
化
的
象
征

——
风
水
塔

籀境 中国精致建筑100

图8-6 祁门赤桥塔
塔坐落于祁门城东20公里的赤桥村，兴建于明
嘉靖年间。此塔踏步用花岗石板，楼梯采光用
塔壁斜开采光孔解决，巧妙而合理。

巽峰塔立面图   0 1 2m   巽峰塔剖面图

图8-7 休宁巽峰塔立面、剖面图
此塔是一座风水塔，坐落于休宁城外玉几山东
侧。风水塔大都有登眺之功能，此塔采用砖穹
隆拱壳楼面，在技术上比叠涩楼面先进。

明清时期人们对风水塔选址凶吉灵验的痴迷还可以从志书的一些记载中得到印证：庐州县东原有一座古塔，因不合风水选址理论而被邓侯废之。再如巢湖姥山塔，据记载因错建于庐州之劫杀方位，造成刀兵四起不宁之恶果。

风水塔大多有登眺之功能，内部空间追求宽敞宜人，设计上既巧妙又合理。例如祁门赤桥塔在梯段塔壁处设透光孔，解决了梯级采光问题；每层均设高度宜人眺望的长方形窗口。综观安徽风水塔广泛选用空筒砖壁与木楼板相结合的楼阁式，这种貌似砖结构技术的倒退现象，显然是适应风水塔使用功能的需要所致。在众多的风水塔中，休宁巽峰塔是采用砖穹隆拱壳作楼面的创新之作。楼层拱壳曲率均匀平整。它虽是无名匠师的作品，但为中国古代砖结构楼层技术填补了空白。

安徽古塔

明清文化的象征 —— 风水塔

筑境 中国精致建筑100

1. 山因塔显、塔因山名的芜湖赭山赭塔

芜湖赭山西南麓有一座创建于唐代的广济寺，传说新罗国王族金乔觉渡海来到中国曾在此修持，因此广济寺又有"小九华"和"九华行宫"的美名。约在宋治平二年（1065年），广济寺修了一座砖塔，不知什么原因这座佛塔竟以山名来命名。这里的地势前卑后高，赭塔就建在地势高峻的寺后。

赭塔是一座楼阁式塔，早年游人缘梯而上可俯览江城全景，眺望大江胜色。《芜湖八景序》载："赭山北耸，当晓日晴旭，湿岚开霏，峰凝黄袍之色，塔插云汉之表，可以骋眺望也。""赭塔晴岚"是芜湖著名八景之一，欧阳玄有诗纪胜："山分叠嶂接江皋，寺占山腰压翠鳌。四壁白云僧不扫，三竿红日塔争高。龛灯未灭林鸦起，花雨初收野鹿嗥。千古玩鞭亭下道，相传曾挂赭黄袍。"赭山因赭塔成为一方胜景而声名益著。凡来游赭山者无不要观赏赭塔雄姿。

赭塔目前已是广济寺中最古老的建筑，不但塔刹损毁，而且塔顶上大树成荫。后建的殿堂与赭塔连墙合体，赭塔底层的塔心室被用作地藏殿的后佛龛，这种处理虽非建塔初衷，却得到僧人与社会的认可，可算是一种妙想迁得的创造。

图9-1 赫塔外观

2. 铜铸涂金的中国阿育王塔——青阳塔中塔

　　阿育王是古印度孔雀王朝的一位国君，早年曾滥杀无辜，皈依佛门后为了赎罪，在他管辖的国土上广建佛塔达八万四千多座。中国阿育王塔大多是五代吴越王钱弘俶慕阿育王之功德而建，其形如宝箧，内藏印经，一名宝箧印经塔，凡铸制涂金者又名金涂塔。安徽桐城幸庵，据记载曾收藏过一座小型阿育王塔，这种小塔近代在东南地区多有发

图9-2 赭塔底层塔心室
芜湖赭山广济寺地藏殿与
赭塔前后相连，赭塔底层
塔心室供奉佛像，也成了
地藏殿的后室之佛龛。

现。青阳塔中塔便是中国阿育王塔中的一座。此
塔于1967年出土于当地一座佛塔地宫的银匣之
中。据记事的银牌所载："绍兴二十五年九月
二十日下工起塔，住持长老宗景施银牌子记。"
可见地宫修于1155年。青阳塔中塔方形，边长
12.4厘米，高32.2厘米，下为须弥座台基。台基
每面用双柱分为四间，每间均供一尊坐佛，塔身
四面及四角蕉叶插角遍刻佛传故事，插角之下刻
有大鹏金翅鸟，塔顶覆钵饰莲瓣图案，上有相轮
五重，端部承四瓣宝珠。此塔铜铸涂金，造型精
致，保存完好无损，是中国阿育王塔中的精品，
现珍藏于安徽省博物馆。

3. 设龛导航蕴新意的振风塔和中江塔

中国古代水运发达，安庆、芜湖是长江下
游两大重镇。它们凭借长江水运之利在明清两代
成了东南沿海至内地的重要水运集散地。无独有
偶，明代晚期这两座城市在沿江修建的振风塔和
中江塔都肩负起导航的功能。

图9-3 振风塔远景与近景

振风塔于明隆庆四年（1570年）
由安庆知府王鹅泉主持修建于濒江
高岸的迎江寺中，塔八角七层，高
60.27米，为安徽第一高塔，此塔既
可供登高览江，又是古代江中航运
的导航标志。

a

b

图9-4 中江塔/前页
坐落于芜湖青弋江与长江交
汇处，历史上此塔起着导航
标识的作用，原檐椽、塔刹
均毁，今修缮一新。

振风塔在安庆濒临长江的迎江寺内，当地传说迎江寺是一艘停靠在江边的大船，振风塔是船的桅杆，能随风而振，为了不让船随江流而去，至今在迎江寺大门两侧系着一对巨大的铁锚。这一传说折射出当地与长江关系的密切和对安全的关注。

振风塔造型上是一座地道的佛塔，塔内供奉着佛像，塔尺度宏大，是安徽第一高塔。它地处长江转折之处，每当晴空万里，数十里外遥见古塔高耸云天，形象十分醒目。到了夜晚，塔壁的灯龛中点燃了灯火，便成了地理位置的重要标志。古人为此曾写下了"点燃八百灯龛火，指引千帆夜竞航"的诗句，赞美这座佛塔的导航功能。

中江塔在芜湖青弋江与长江交汇处。古代从九江到镇江这段长江称中江，塔名由此而得。中江塔周围曾建有取南齐诗人谢朓"天际识归舟，云中辨江树"之意的识舟亭，迎送宾客的吴波亭，观赏江澜的雄观亭和登楼宴憩的清风楼。中江塔无论从缘起与功能均没有宗教色彩，古人赞曰："塔灯夜烂，望此而归"，可见导航是它的主要功能。

设龛导航实质上是古塔高耸形象作为地理标志功能的一种。深山藏古寺，当遥见塔刹便知佛寺就在彼处，这何尝不是标志功能的效应！

十、名城名塔巡礼

1. 歙县宋代名塔

长庆寺塔

　　文化历史名城歙县的练江南岸有一座西干山，此地风景优美，环境雅静，一度寺庙纷纷选址于此，最兴旺时西干山有十大寺院。北宋重和二年（1119年）歙县黄备村张氏还愿在西干山上建塔，因西干山有十寺，民间称此塔为十寺塔，又因在长庆寺旁也称它为长庆寺塔。

　　长庆寺塔平面方形、七层，高23米，造型仿楼阁式。塔基为石砌须弥座，束腰为0.66米。出间柱、角柱，底层有柱廊，塔壁四面辟门，门内置石雕莲瓣佛座。以上各层均出券形假门，塔壁有彩绘佛像，线条流畅，图案优美，色彩和谐。

　　长庆寺塔四角施方形角柱，柱上置栌斗，出檐为叠涩与菱牙砖交替出挑支承，塔檐举折，升起明显，造型轻盈，翼角下悬铁制风铎，随风而鸣悦耳动听，具有典型南方宋塔的特征。又因底层设柱廊使出檐明显大于各层腰檐，形象更为端庄。

图10-1 长庆寺塔/对面页
塔建于北宋重和二年（1119年），七层方形，造型轻盈秀美，具有江南风格。

名城名塔巡礼

镜 中国精致建筑一〇〇

图10-2 新州石塔

坐落于歙县北郊，此处宋代一度曾作州治，后
人把此塔称为新州石塔。塔八角形，高4.6米。

新州石塔

　　歙县北郊有一座赭色麻石凿砌而成的石塔。石塔原名大圣菩萨宝塔，建于南宋建炎三年（1129年）。石塔八边形，总高仅4.6米。底下有须弥座台基，底层有一壶形龛，二层正背二面刻有纪事铭文。因风化严重已无法辨认，两侧各镌一佛字；三层每面刻有如来神位字样，顶层刻有佛祖浮雕。石塔腰檐造型简单，仅在脊处突起示意，无椽瓦形象。不知是何原因，石塔顶层无檐，直接置宝瓶、宝珠。

　　北宋末年此地一度作为州治，相传当时寺庙颇多。这座石塔原属哪座寺院已无法查考。因地处新州，当地人称此塔为新州石塔。关于石塔缘起，当地盛传两则传说。一说当初新州人士为求人丁兴旺，以求子嗣而建此塔。那壶形龛是信士烧锡箔用的，因十分灵验，故香火十分兴旺。

　　中国封建社会的基本单位是血缘家庭，"不孝有三，无后为大"，求子传宗接代乃是上至帝王将相，下至庶民百姓的头等大事。徽州地处皖南山区，宗法制十分森严，子孙满堂是宗族发达的重要标志。中国历来推崇"信则灵、诚则灵"求子得子者主动宣扬，求子不得者又耻于被指责心不诚而不敢声张，于是灵验之说代传不衰。

筑境 中国精致建筑100

石塔缘起另一说，云新州作为州治后暴政使百姓不堪忍受，于是在隔溪南岸镌凿一只眈眈怒视的石虎，使新州官家孩子无法成人。州官听方士之说建石质铜形佛塔以抗石虎。细审之，此说带有五行相生相克，挡煞化吉含义，似产生于风水盛行的明清。其实新州石塔究竟是求子还是挡煞而建并不重要，重要的是有关名塔缘起的传说反映了古人的追求与价值取向。因此石塔的价值除了建筑技术艺术外还在于它是历史文化习俗的载体而值得珍视。

2. 亳州风水塔——薛阁塔

当你来到文化历史名城亳州，当地人士一定会告诉你在城的东南方薛家阁，至今还耸立着一座砖砌古塔。

薛家阁明代为薛氏故里。薛家公子薛惠勤奋好学，于正德九年（1514年）中进士，以后仕途一帆风顺，历任刑部主事，功郎中，卒后追封太常少卿。薛氏出此俊才，在当时认为一是祖宗保佑；二是风水好即地灵人杰。薛惠居官后建宅第花园，修宗祠家庙。他除了在花园——常乐园内堆土为山，造曲室回廊楼阁，还在旁侧建文峰塔，以求薛家子孙继续功名高中。由于这里一下子修建了这么多考究的建

图10-3 亳州薛阁塔/对面页
坐落于亳州东南方薛家阁，它是一座楼阁式文峰塔，七层八角，高34米。

筑，于是文人墨客纷纷慕名而来，薛家广为结交，薛家阁便成了游憩胜地。

明代亳州经济繁荣，商贾云集。薛家阁从薛惠居官起便吸引了各路商贾。当地冬春之交，农闲之时本有集市习俗，久而久之每逢农历二月十九去薛家阁庙会成了当地一大集市。大概到抗日战争之前，薛氏家庙建筑与古塔都仍完好，春秋之时游人流连忘返。文峰塔也因此而被称为薛阁塔。

薛阁塔是风水塔，七层八角，高34米的楼阁式砖塔。塔底层三面设门，通六边形的塔心室。楼层用叠涩砖砌筑，楼梯采用"壁内折上"形式。薛阁塔角上有仿木倚柱，柱上出额枋砖线，额枋上承三层密排砖制斗栱，塔檐短小。塔身逐层收分明显，无平座，造型秀丽，塔壁设门或假门，无佛像砖与其他砖饰。

安徽许多砖塔真门隔层错开设置，其他各面对称布置假门假窗，在立面上显得均衡而有变化。但是立面真门之设往往受制于楼梯结构形式。薛阁塔楼梯采用壁内折上，因受面宽、层高和楼梯走向等限制，塔的二、三层与四、五、六、七层出现部分真门连层开设。这种做法安徽古塔中罕见。

今天薛家花园已毁而无存，但薛阁塔依然引人寻访。至于那农历二月十九的集会依然办得轰轰烈烈，如果你赶在那时去，会发现古塔秀丽挺拔的形象已成了兴盛不衰的象征。

3. 寿县北宋舍利塔地宫

寿县古名寿春，战国时曾为楚都，汉初淮南王又定都于此，以后又作州治，历来是安徽中部重要的政治文化中心。这里有创建于战国的芍陂（安丰塘），有江淮名刹报恩寺、清真寺、学宫以及保存完好的明清城墙。其中报恩寺创建于唐贞观年间，北宋天圣年间曾在山门内二佛殿前建造过一座八面九层的舍利砖塔。苏东坡《出颖口初见淮山即日至寿州》诗："平淮忽迷天远近，青山久与船低昂，寿州已见白石塔，短棹未转黄茅岗。"可见，塔建成后便成了寿州的重要标志。塔为"穿壁绕平座"结构，数百年来一直是这一代僧尼和香客崇拜的舍利塔。不幸的是清同治元年（1862年）倒塌六层，余下的三层又于1977年拆除，现仅存塔基。

舍利塔，因藏舍利而名之。印度佛塔，舍利藏于塔内。中国历来有深葬的习惯，汉文化佛塔多设置地宫以藏。佛塔地宫一般都较小，通常舍利放在地宫的石匣中，石匣外还有套函。这种做法可能受早期多层木椁的形式影响所致。

寿县舍利塔地宫六边形，出角柱，柱间施阑额，上承砖制斗栱，顶口用天然巨石封盖。地宫北壁嵌有《寿州寿春县崇教禅院新建舍利砖塔地宫壁记》碑，其余五面各绘有粉彩供养人壁画。地宫底部用条石平铺砌成芦席纹棺床，棺床中是束腰形棺台，上置舍利的石匣外有金、银套棺。套棺制作精致，以银棺为例：盖面饰双龙戏珠，四角悬铃，棺头作双扇假门，门侧有天王倚立，棺两侧分别饰有释迦牟尼涅槃像和十大弟子作哀痛状的送葬场面，棺尾饰一比尼，合十默坐做祈祷状。种种饰像立意贴切，造型生动。

舍利原为佛祖尸骨火化后之遗存。后来为了满足各地广建佛塔的需要，出现了各式各样的代用品。《如意宝珠经轮咒王经》载："若无舍利，以金、银、琉璃、水晶、玛瑙、玻璃众宝造作舍利。"寿县舍利塔地宫石匣内满置颗粒细小的玉石、玛瑙和绿松石，可见使用的是舍利的代用品。

大事年表

朝代	年号	公元纪年	大事记
三国	吴 赤乌二年	239年	宣城水阳镇建龙溪塔 和县建万寿塔
东晋	咸和年间	326—334年	潜山县建兴化塔、太平塔；宣城建永安塔，后毁，多次重修。唐称开元寺塔，宋称景德寺塔
南朝	梁	502—557年	僧宝志在潜山县山谷寺外建七佛塔
隋	开皇十四年	594年	禅宗四祖道信在潜山天柱山建三祖供养塔
唐	贞观三年	629年	蒙城创建佛塔一座
	神龙二年	706年	宁国城东建庆门寺塔
	天宝年间	742—756年	当涂化城寺僧清升建舍利塔
	天宝四年	745年	舒州别驾李常建三祖灿墓塔
	大历七年	772年	敕三祖墓塔为觉寂塔
	贞元十三年	797年	九华山金乔觉葬入墓塔
	会昌年间	841—846年	武昌灭法，毁觉寂塔
	大中初	847—850年	重建觉寂塔
	咸通六年	865年	宣城北门外延庆寺建木塔
宋	太平兴国四年	979年	广德天寿寺兴建大圣宝塔
	太平兴国五年	980年	宣城延庆寺重建宝塔
	咸平元年	998年	无为县城北建黄金塔
	天圣六年	1028年	潜山天柱山建资寿宝塔一座，降赐佛牙、舍利，用金银匣盛御宝，命本邑官员监藏塔基下
	天圣七年	1029年	寿县崇教禅院建舍利砖塔
	皇祐二年	1050年	雷火烧毁天柱山资寿宝塔
	治平二年	1065年	芜湖广济寺建赭塔
	熙宁二年	1069年	琅琊山在琅琊寺道旁修舍利塔49座，后毁
	绍圣三年前后	1096年前后	宣城敬亭山建广教寺双塔

筑境 中国精致建筑100

朝代	年号	公元纪年	大事记
宋	崇宁元年前后	1102年前后	蒙城县重建佛塔，因在兴化寺旁，被称为兴化寺塔
	崇宁、政和年间	1102—1118年	潜山县在太平塔原址重建太平塔
	大观二年	1108年	泾县水西山建水西寺塔（又名崇宁塔）
	重和二年	1119年	歙县西干山建长庆寺塔
	绍兴十三年	1143年	宁国市重建庆门寺塔（今名仙人塔）
	绍兴三十一年	1161年	泾县水西山建乾应塔
	隆兴元年	1163年	蒙城兴化寺塔重修顶层及塔刹
	乾道八年	1172年	潜山县觉寂塔重修塔刹
	咸淳年间	1265—1274年	潜山县重建兴化塔
元	至元年间	1279—1294年	安庆双莲寺建塔
	至正十年	1350年	明光市横山乡建法华禅庵塔
明	嘉靖年间	1522—1566年	休宁万安建古城岩塔，祁门赤桥建塔，亳州建薛阁塔
	嘉靖二十三年	1544年	歙县岩寺建水口塔，休宁城外建丁峰塔
	嘉靖四十一年	1562年	休宁城外建巽峰塔
	嘉靖四十三年	1564年	潜山三祖寺重修觉寂塔
	隆庆四年	1570年	安庆迎江寺建振风塔

朝代	年号	公元纪年	大事记
明	万历年间	1573—1620年	敕封九华山金乔觉墓塔为大藏金塔，芜湖建中江塔，休宁榆村乡建辛峰塔，贵池建清溪塔
	万历十七年	1589年	当涂西姑溪入长江口处建铁淋塔（后改名为金柱塔）
	万历二十四年	1596年	休宁富郎村建水口塔
	万历二十八年	1600年	和县建文昌塔
	万历三十年	1602年	潜山县南门建文峰塔，天柱山建贯之和尚墓塔
	天启年间	1621—1627年	潜山天柱山建普同塔
	崇祯四年	1631年	巢县巢湖姥山建文峰塔，因兵事仅四层至清代续建三层
清	顺治二年	1645年	滁州琅琊山闻闻戒师墓塔
	康熙年间	1662—1722年	歙县岩寺重建水口塔
	康熙二十五年	1686年	阜阳城东南建文峰塔
	乾隆十一年	1746年	旌德建文昌塔
	乾隆三十八年	1773年	泾县茂林魁山建飞雄塔
	乾隆四十年	1775年	潜山天柱山建东源和尚塔
	道光二年	1822年	潜山天柱山建方丈玉林等六人多智塔
	道光七年	1827年	滁州琅琊山建僧皓清律师墓塔
	同治五年	1866年	九华山重建金乔觉墓塔